小小牛顿

科学启蒙

—大百科—

硬硬国和软软国

牛顿出版股份有限公司 / 编著

外语教学与研究出版社
北京

硬硬国和软软国

在遥远的星球上，有两个非常奇妙的国家，一个叫硬硬国，另一个叫软软国。

硬硬国的国王和软软国的女王，都认为自己的国家比较好。

他们谁也不服谁，于是决定举办一场比赛分个高低。

第一场是橄榄球比赛，硬硬国人利用硬硬的身体，轻松地打败了软软国人。

第二场是钻轮胎和跳布袋比赛，软软国人用又软又有弹性的身体，很快赢回1分！

得分！
硬硬国
软软国
1:0

洞再小也
钻得过。
看我的弹性多好呀！
硬硬国
软软国
1:1

第三场是举重比赛，软软国人刚一举起杠铃，软软的身体就被压成一团。

第四场是两人三足比赛，硬硬国人硬硬的身体互相撞来撞去，根本没办法走路。

最后一场比赛是叠罗汉，眼看着硬硬国人就要赢了，软软国人忽然想出一个办法，改成趴在地上往上叠。硬硬国国王认为软软国人赖皮，两国人大吵一架，最后谁也不理谁了。

如果衣服是软的，
就好穿多了！

如果桥是硬的，
就更好走了！

虽然谁也不肯认输，但是硬硬国国王常在想，软软国柔软的衣服、棉被和好吃的面包，其实真的很不错。

而软软国女王也觉得，硬硬国坚固的桥、房子和汽车也都很好。

可是他们谁也不愿意承认。

有一天，突然来了一只大怪兽，它压坏了硬硬国和软软国的房子，还吃掉了很多硬硬国和软软国的国民。

救命啊！

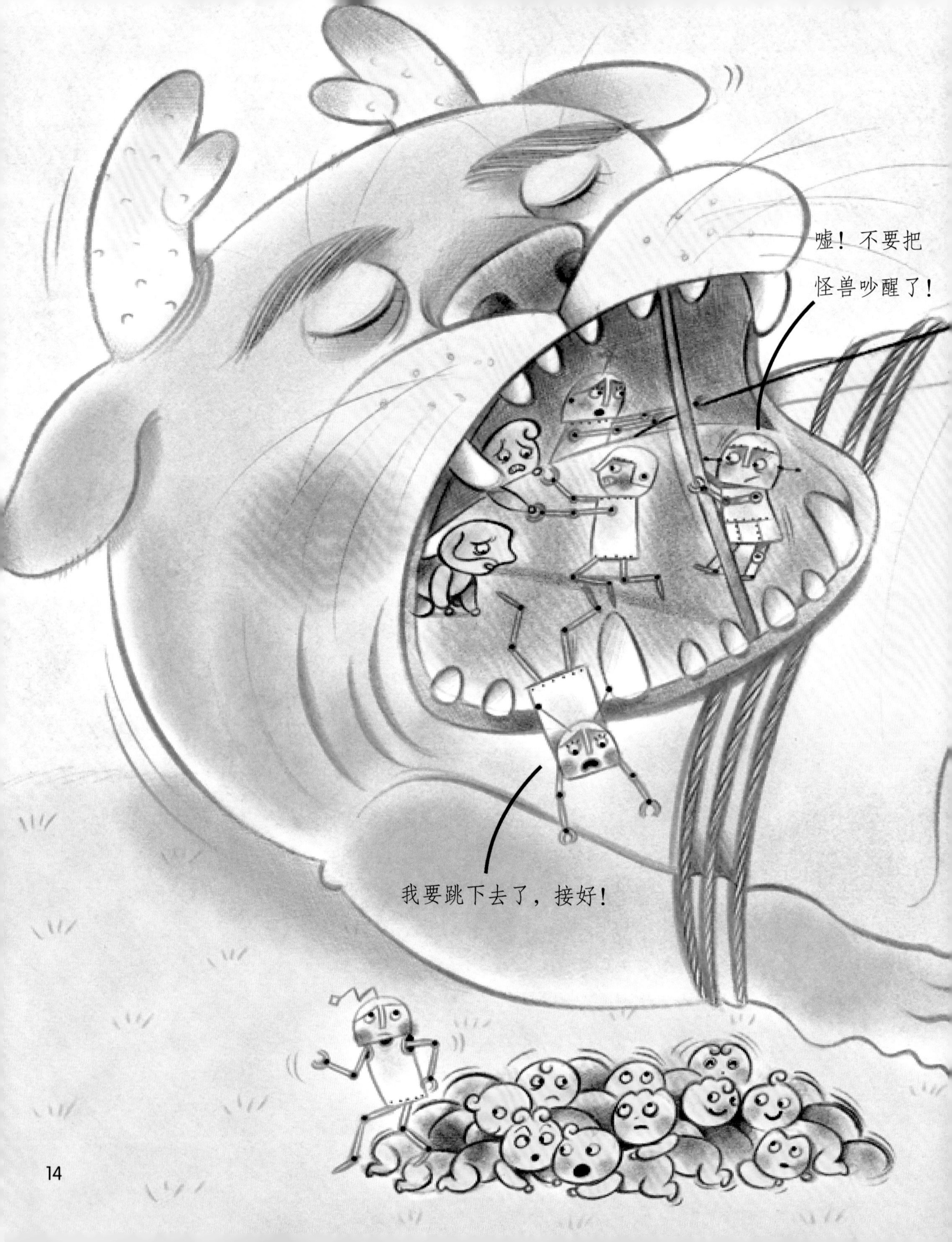
嘘！不要把
怪兽吵醒了！
我要跳下去了，接好！

怪兽吃饱以后呼呼大睡。困在怪兽肚子里的两国人，一起想出了办法，大家互相合作逃了出来，并且用绳子绑住怪兽，使它不能再害人。

硬硬国人与软软国人一起打败了怪兽后，他们不再为谁的国家比较好而争吵，反而互相帮忙。

从此以后，每个人家里的东西有软也有硬，生活过得比以前更愉快了！

给父母的悄悄话：

软和硬虽是相对的特性，但各有其优缺点，应当将两者融合并用，相辅相成。本单元借由这个有趣的主题故事，想要传达给孩子的中心思想就是评断事物的价值并没有一定的标准，不可偏执，要因时因地制宜。

胖小猪

胖小猪，胖嘟嘟，
要坐车，去读书；
胖小猪，重又重，
娃娃车，载不动，
开半天，
还在原地吭吭吭！

给父母的悄悄话：

相信这首儿歌能让孩子开怀一笑，尤其作曲者在开头和结尾所使用的特殊音效，让人联想到小猪的叫声，以及车子开动的声音。父母也可以和孩子动动脑，把“胖小猪”改成“胖河马”或“胖大象”等动物。

弹簧蜗牛

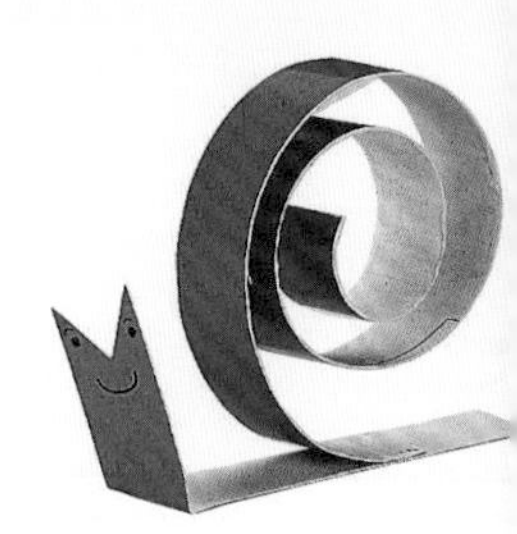

老鼠来了，快逃啊！

试试看

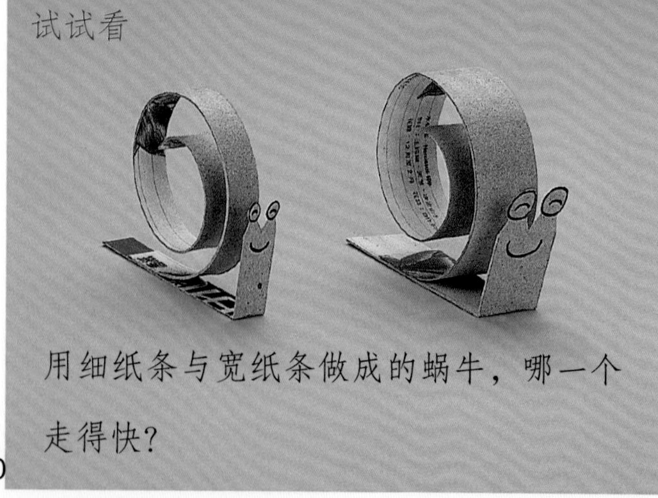

用细纸条与宽纸条做成的蜗牛，哪一个走得快？

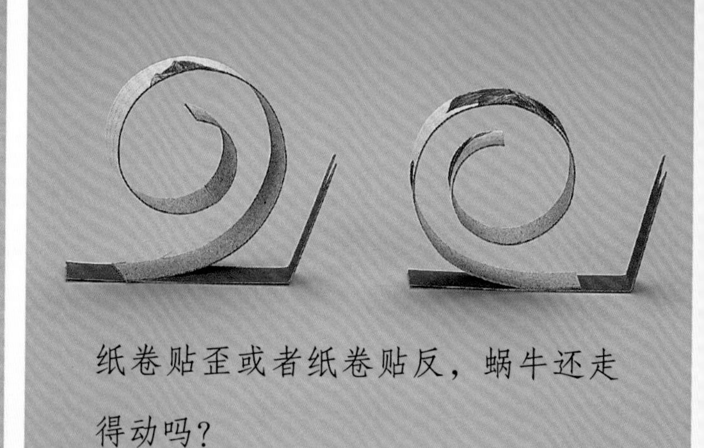

纸卷贴歪或者纸卷贴反，蜗牛还走得动吗？

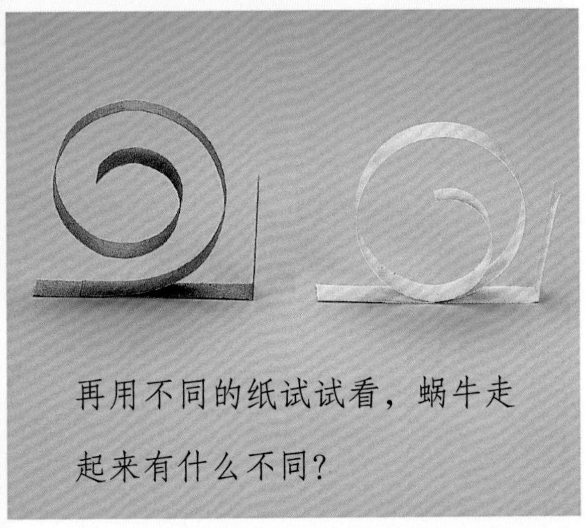

再用不同的纸试试看，蜗牛走起来有什么不同？

材料：

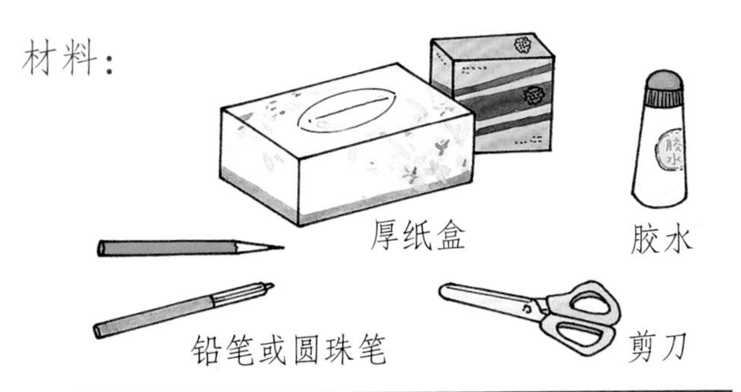

做法：

① 从厚纸盒上剪下一块纸板，将其剪成长条形。

② 用笔将纸条卷紧，再松开。

③ 再拿一条小纸片，剪成蜗牛的身体，并将纸卷固定在身体中央。

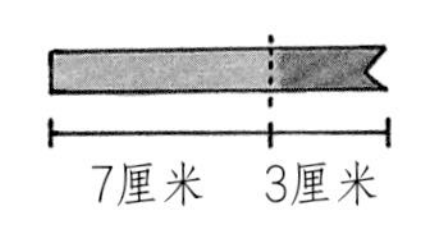

④ 用手轻轻压纸卷，蜗牛就会往前跑了！

给父母的悄悄话：

家里一定不难找到大小、厚薄不同的纸，请在丢到垃圾桶之前，和孩子一起做个弹簧蜗牛吧！粗厚的纸太重，蜗牛不易移动；纸卷贴歪，则会造成不平衡，容易歪倒。不同材质的纸，也会因其弹力不同，而使蜗牛的移动距离不同。

蓝鲸

“哇！妈妈喷的水柱好高哟！”

“等你长大了，也会跟妈妈一样厉害！”

蓝鲸妈妈带着蓝鲸幼崽，在海中快速地游着，它们正要到南极去旅行。

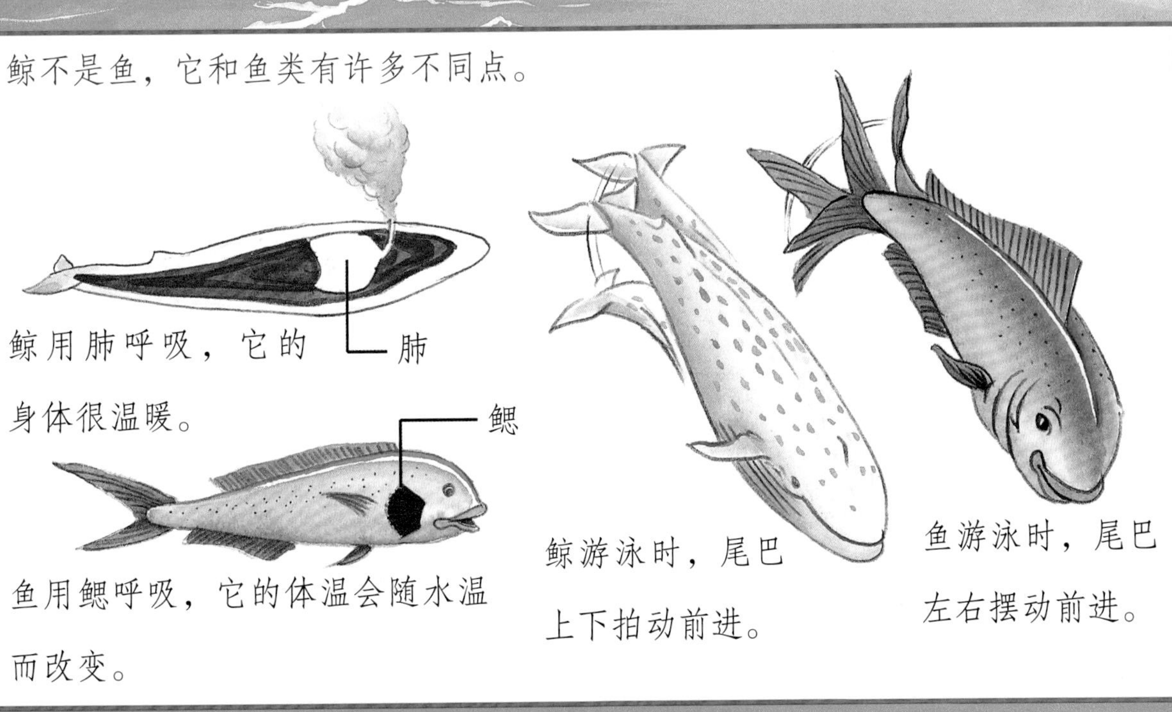

鲸不是鱼，它和鱼类有许多不同点。

鲸用肺呼吸，它的身体很温暖。

鱼用鳃呼吸，它的体温会随水温而改变。

鲸游泳时，尾巴上下拍动前进。

鱼游泳时，尾巴左右摆动前进。

和妈妈一起旅行的蓝鲸幼崽，半岁大以前都只喝妈妈的奶。蓝鲸幼崽会跟在妈妈的旁边，妈妈会保护它，赶走想吃它的敌人。

如果蓝鲸幼崽生病或者受伤了，妈妈会一直顶着它、照顾它。

南极有好多又大又肥的南极磷虾，它们是蓝鲸最爱的食物之一。蓝鲸妈妈一口就能吸进许多的海水与磷虾，吐出海水后，就可以吃到卡在鲸须中的南极磷虾了。

“宝宝，要多吃一点，才会长大！”

鲸主要分为须鲸和齿鲸两类。

蓝鲸是须鲸。鲸须是指生长在须鲸类口部的一种巨大的角质薄片。它们像刷子一样又多又密，可以从海水中过滤出要吃的食物。

虎鲸是齿鲸，它的牙齿又尖又硬，最常吃鱿鱼、鱼和虾。

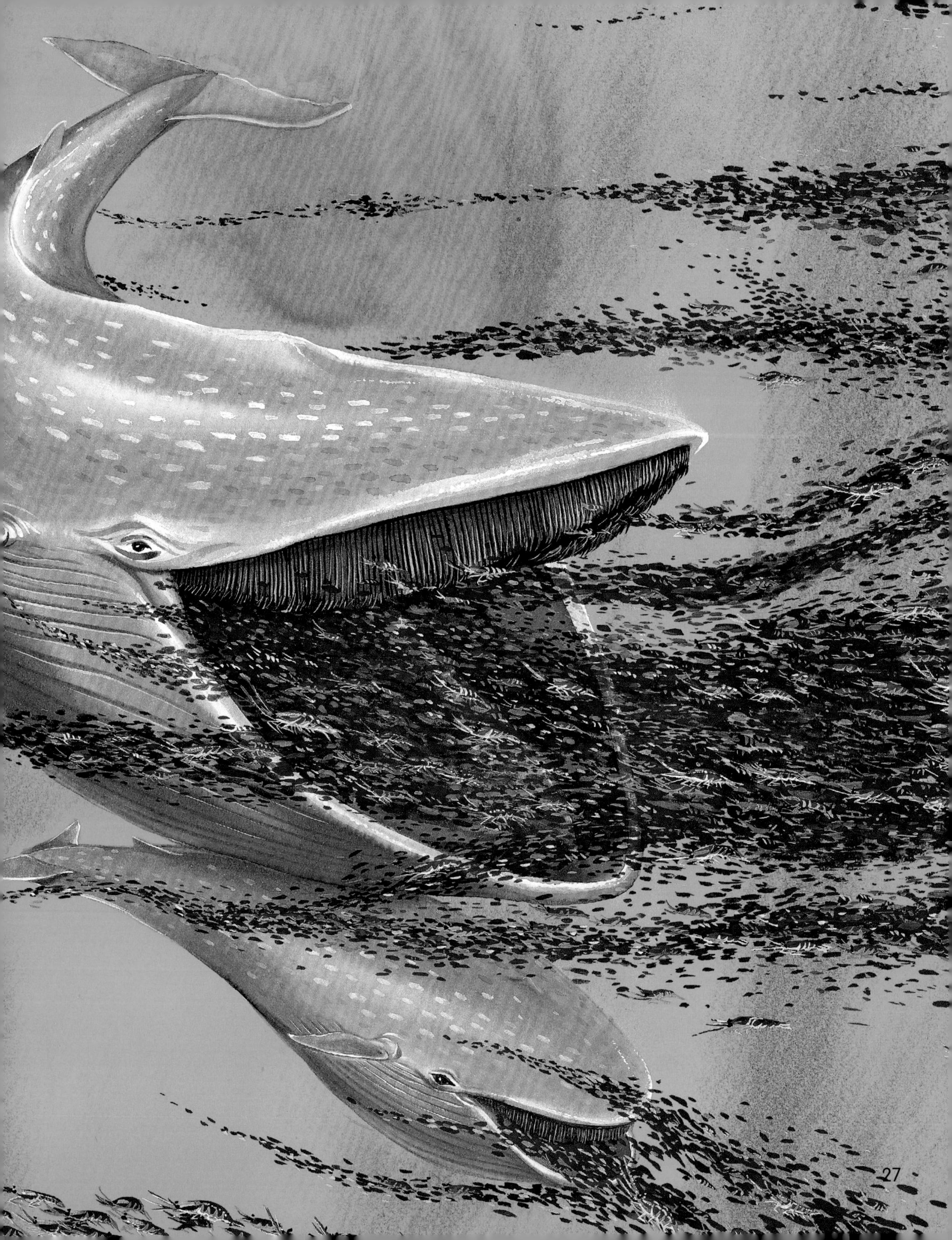

鲸家族：

鲸家族成员很多，须鲸除了蓝鲸，还有座头鲸、灰鲸等。齿鲸通常体形比须鲸小，除了虎鲸，海豚其实也是齿鲸家族的一员。

须鲸成员中的座头鲸，因为胸鳍很长，所以也被称为“大翅鲸”。大翅鲸喜欢吃磷虾和小鱼。在食物充足的情况下，它们会采用轰赶和冲刺的捕食方法，大口吞海水，然后过滤出食物。

海豚是我们最常见的齿鲸家族成员了。小朋友们可以通过观察海豚，来学习一些有关鲸类的知识。因为用肺呼吸，所以它们常需要到海面上用头顶的呼吸孔换气。像所有鲸类幼崽一样，海豚宝宝也是靠喝母乳长大的，所以在很长一段时间，它们都会寸步不离地一直跟在妈妈身边。

给父母的悄悄话：

许多人以为鲸类生活在大海里，应该是鱼类，还把鲸称为“鲸鱼”。事实上，鲸类是用肺呼吸，属于哺乳动物。蓝鲸是世界上最大的哺乳动物，一只成年蓝鲸的体长可达30米左右，体重跟30头成年大象加在一起差不多。

敏儿上学记

草原上开满了美丽的花朵，好多蝴蝶飞来飞去，正忙着吸花蜜。小猫咪敏儿也很忙，一会儿上下跳跃，一会儿东抓西扯，它想抓只漂亮的蝴蝶送给妈妈。

可是，它的个子太小了，跑得气喘吁吁的，却一只蝴蝶也没抓到，还把衣服弄得脏兮兮，连头发都乱七八糟。

“哎呀！敏儿呀，怎么又玩成这副模样呢？”妈妈一边帮敏儿擦脸、换衣服，一边想着不能让敏儿天天在外面玩耍，该送它到学校去学些本事了。

第二天一大早，妈妈叫醒敏儿，帮它穿上最漂亮的衣服。敏儿觉得很奇怪，它问妈妈："为什么穿这件漂亮的衣服？要去外婆家吗？还是去游乐场玩呢？"

"都不是。今天要到学校去，我们敏儿要上学啦！"妈妈笑着回答。

"上学？什么是上学呀？"敏儿牵着妈妈的手，一边走一边问。

"上学就是去学校，学校是一个很有意思的地方。在那里，有很多书本、很多有趣的课程，还有很多跟你一样大的小朋友，你们会在一起玩耍，一起学习本领，一起跟厉害的老师们学很多新知识。"

敏儿听了妈妈说的话，觉得上学一定是一件很好玩的事情，所以不由得期待起来，希望可以快点到学校。

终于到了学校，学校里有滑梯、旋转木马、小木屋，还有个超级棒的海洋球池。敏儿想：“钻到海洋球池里，一定很好玩。”

“妈妈，这里真有趣。”敏儿说完就放开妈妈的手，自己跑到球池里去了。

妈妈本来还担心敏儿不肯上学，现在完全放心了。

可是当老师要敏儿和别的小朋友一起坐在教室里上课的时候，敏儿却不乐意了：“我是来玩的，我才不要坐在教室里面呢！”

“哎呀！这该怎么办呢？只好请妈妈带你回家去了。”

老师打电话告诉妈妈，敏儿要是不进教室，就不能待在学校了。

敏儿伤心地跟着妈妈回家，它问：“妈妈，为什么一定要坐在教室里呢？”

“因为你已经长大了，不能一天到晚只是玩啊！在教室里，老师会教你怎么爬墙、怎么捉老鼠！”

“可是，你和爸爸会捉老鼠，我不必学就有的吃啊！”

妈妈听了，笑着说：“是啊！但是以后爸爸妈妈会变老，跑不动也捉不到老鼠了，还等着你捉给我们吃呢！如果你现在不学，以后大家都要饿肚子喽！”

“哦！原来是这样呀！”敏儿终于明白了，它答应妈妈，会跟着老师进教室，但是下课后，它要留在学校多玩一会儿。

妈妈说：“没问题，我陪你玩。”

苍蝇有几对翅膀？

① 一对。

② 两对。

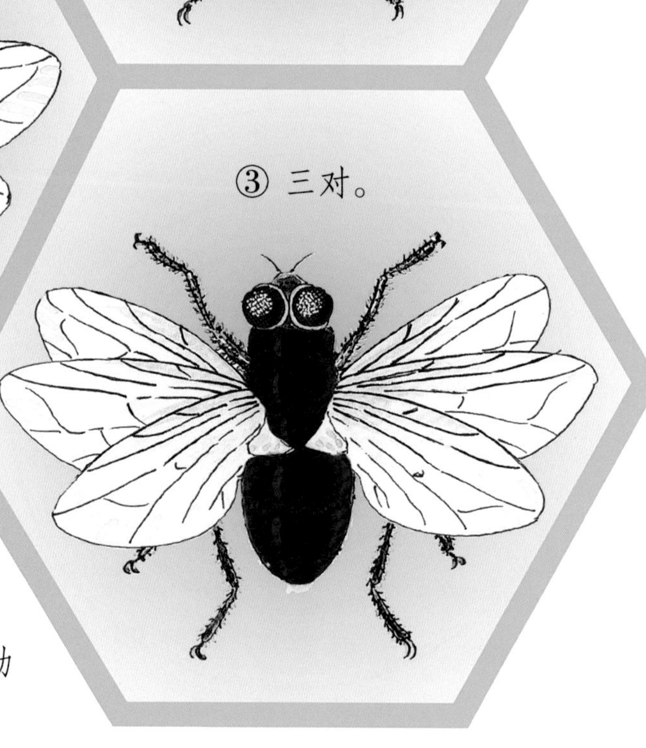

一般昆虫都有两对翅膀，虽然苍蝇也是昆虫，不过它只有一对翅膀，它的后翅退化成了平衡棒，可以在飞行时帮助它调节平衡，并起到定位作用。

为什么云会变黑？

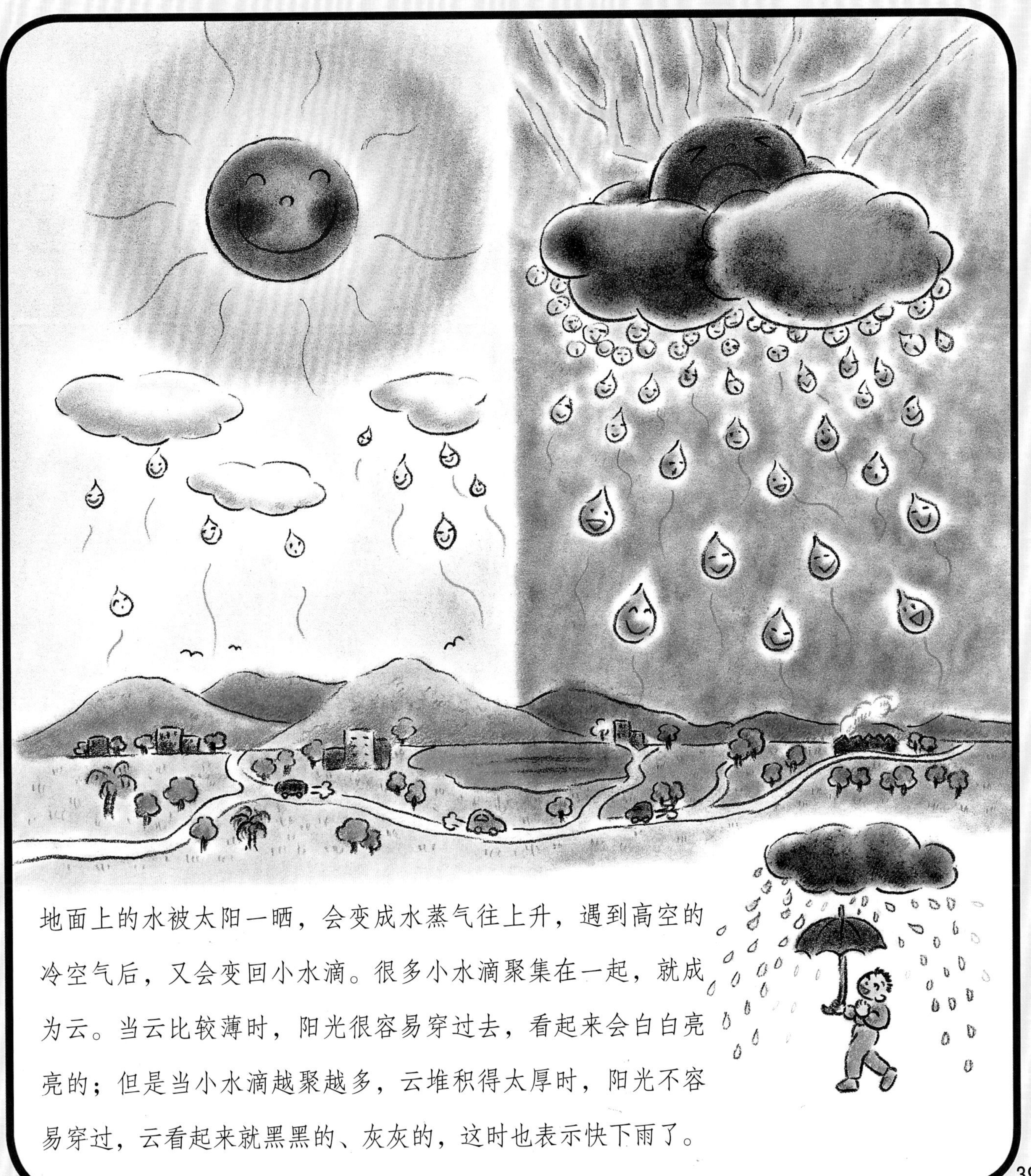

地面上的水被太阳一晒，会变成水蒸气往上升，遇到高空的冷空气后，又会变回小水滴。很多小水滴聚集在一起，就成为云。当云比较薄时，阳光很容易穿过去，看起来会白白亮亮的；但是当小水滴越聚越多，云堆积得太厚时，阳光不容易穿过，云看起来就黑黑的、灰灰的，这时也表示快下雨了。

黄秋英

黄秋英，因其颜色与硫黄很像，又被称为“硫黄菊”。通过仔细观察，小朋友们可以发现，与大多数菊科植物相同，它的每朵花都是由很多小花组成的。这些小花分为两种，一种围绕在外，叫舌状花，还有一种聚拢在中间，叫管状花。舌状花的花瓣颜色艳丽，用来吸引昆虫，而中间的管状花则会分泌香甜的花蜜，吸引昆虫采蜜、传粉。